Gift Chafwa

Relevância do Sistema de Reforço de Capacidades no NDC da Zâmbia

Gift Chafwa

Relevância do Sistema de Reforço de Capacidades no NDC da Zâmbia

ScienciaScripts

Imprint

Any brand names and product names mentioned in this book are subject to trademark, brand or patent protection and are trademarks or registered trademarks of their respective holders. The use of brand names, product names, common names, trade names, product descriptions etc. even without a particular marking in this work is in no way to be construed to mean that such names may be regarded as unrestricted in respect of trademark and brand protection legislation and could thus be used by anyone.

Cover image: www.ingimage.com

This book is a translation from the original published under ISBN 978-620-2-01412-0.

Publisher:
Sciencia Scripts
is a trademark of
Dodo Books Indian Ocean Ltd. and OmniScriptum S.R.L publishing group

120 High Road, East Finchley, London, N2 9ED, United Kingdom
Str. Armeneasca 28/1, office 1, Chisinau MD-2012, Republic of Moldova, Europe
Printed at: see last page
ISBN: 978-620-7-68265-2

ÍNDICE DE CONTEÚDOS:

RELEVÂNCIA DO SISTEMA DE REFORÇO DAS CAPACIDADES (CBS) NA NDC DA ZÂMBIA.

Prenda Chafwa

Geological Survey Department, Lusaka, Zâmbia.

Contacto: giftchafwa@gmail.com, mumbachafwa@gmail.com

Em abril de 2016, a CTBTO deslocou-se à Zâmbia para configurar e instalar o Sistema de Reforço de Capacidades no nosso escritório do Centro Nacional de Dados (NDC). O Centro Nacional de Dados foi colocado em funcionamento em fevereiro de 2006, na Zâmbia. Com este novo sistema de Reforço de Capacidades que vem com alguns programas de análise, facilitou muito o nosso trabalho de análise, obtendo dados de outros países vizinhos e chegando a uma localização precisa do terramoto.

A importância da criação do Centro Nacional de Dados é permitir-nos monitorizar, gerir e coordenar constantemente as actividades sísmicas, tanto naturais como provocadas pelo homem, no país e em todo o mundo. Além disso, carregar dados para o Centro Internacional de Dados (IDC), bem como receber dados do Sistema Internacional de Monitorização (IMS) e também produtos do IDC.

Acedemos e analisamos formas de ondas sísmicas, relevantes para o Centro Internacional de Dados, e também disponibilizamos os dados às instituições interessadas para a atenuação de catástrofes sísmicas e para a elaboração de relatórios sobre todos os aspectos das catástrofes relacionados com as agências governamentais.

O pessoal do NDC faz recomendações ao governo da Zâmbia sobre medidas de segurança contra terramotos para fornecer informações que ajudem as instituições governamentais a adotar políticas adequadas em matéria de terrenos e de construção e apresentar dados às suas agências.

UNIDADE DE GEOFÍSICA E SISMOLOGIA.

A Secção de Geofísica do Departamento de Pesquisa Geológica do Ministério das Minas e Desenvolvimento Mineral tem uma série de responsabilidades e deveres no âmbito do seu mandato. Em termos gerais, a Secção é responsável por todas as questões e actividades geofísicas para o governo da República da Zâmbia. Estas responsabilidades e actividades da Secção de Geofísica incluem o seguinte

- Realização de levantamentos geofísicos para cartografia geológica regional em todo o país.

- Realização de levantamentos geofísicos para investigações minerais e avaliação do potencial mineral e estimativa de reservas, especialmente para minas de pequena escala, tais como a zona rural de Ndola, a zona de ametista de Kalomo e as zonas de água-marinha de Lundazi, etc.

- Realização de sondagens de água, localização de furos, investigações geotécnicas e de sítios.

- Monitorização da atividade sísmica, incluindo terramotos induzidos por barragens e minas na Zâmbia.

- Conceção, construção, instalação e calibração de estações de monitorização de sismos (sísmica).

- Redução, tratamento e interpretação dos dados provenientes de todas as actividades geofísicas, incluindo os dados geofísicos adquiridos por outras instituições, empresas e particulares.

- Elaboração de relatórios e produção de mapas para levantamentos geofísicos e actividades de monitorização de sismos.

- A secção presta consultoria geofísica em qualquer uma das actividades acima enumeradas.

A Secção de Geofísica é a guardiã de dados e informações geofísicas que podem ser disponibilizados, em formato de mapa ou de dados, às partes interessadas a preços acessíveis e competitivos. Estes dados e informações incluem:

- Dados magnéticos digitais a nível nacional.

- Dados gravimétricos digitais de reconhecimento de todo o país.

- Dados sobre terramotos.

- Water Survey, em colaboração com o Department of Water Affairs.

BREVE HISTORIAL

A Zâmbia situa-se no centro da África Austral e é delimitada pelas latitudes 08 - 18 graus sul e 22 - 34 graus leste e tem uma rede sísmica (ZSN) que foi estabelecida entre 1983 e 1985 com a ajuda da Finlândia.

O Centro Nacional de Dados foi colocado em funcionamento em fevereiro de 2006, no Departamento de Pesquisa Geológica da Zâmbia.

A Zâmbia, através do Ministério das Minas e do Desenvolvimento Mineiro, tem um acordo bilateral com a Comissão Preparatória da Organização do Tratado de Proibição Completa dos Ensaios Nucleares.

A Estação Sísmica Auxiliar, **(AS-119)** é operada em colaboração com a CTBTO e o Serviço Geológico dos Estados Unidos (USGS), com o objetivo de monitorizar os testes de explosões nucleares, o que envolve a utilização de métodos sísmicos.

A Zâmbia tem um centro nacional de dados NDC **(N192)** em colaboração com a CTBTO e o NDC da Zâmbia recebe os dados sísmicos através do Vsat de Viena.

O Lusaka (LSZ), que está a ser gerido em colaboração com o Serviço Geológico dos Estados Unidos (USGS) e o Tratado de Proibição Total de Ensaios Nucleares (CTBTO), transmite dados em tempo real.

Atualmente, existem cinco estações sísmicas operacionais na Zâmbia, quatro das quais são estações sísmicas do Africa Array, nomeadamente; Kitwe (KTWE), Itezhi-tezhi (TEZI) e Mongu (MONG), Kasama (KSZ), e todas as estações sísmicas locais são autónomas.

A rede sistémica fornece dados que são utilizados para fins de conceção relativos ao desenvolvimento de infra-estruturas críticas de engenharia, tais como estradas, barragens, centrais hidroeléctricas, centrais nucleares e instalações de processamento industrial.

As seguintes estações sísmicas não estão operacionais:

1.   Mansa- Província de Luapula

2.   Petauke - Província Oriental

3.   Isoka-MuchingaProvíncia.

UMA ANÁLISE DOS ACONTECIMENTOS SÍSMICOS NA ZÂMBIA

Uma revisão dos terramotos na Zâmbia pode ser fornecida quando consideramos o mapa de sismicidade da Zâmbia e áreas circundantes para um período que vai de 1904 a 2012. As fontes de dados utilizadas para esta base de dados, que é fornecida pelo Departamento de Pesquisa Geológica do Ministério das Minas, Energia e Desenvolvimento da Água, são do Centro Sismológico Internacional (ISC), Serviço Geológico dos Estados Unidos (USGS) e Grupo de Trabalho Sismológico Regional da África Oriental e Austral (ESARSWG).

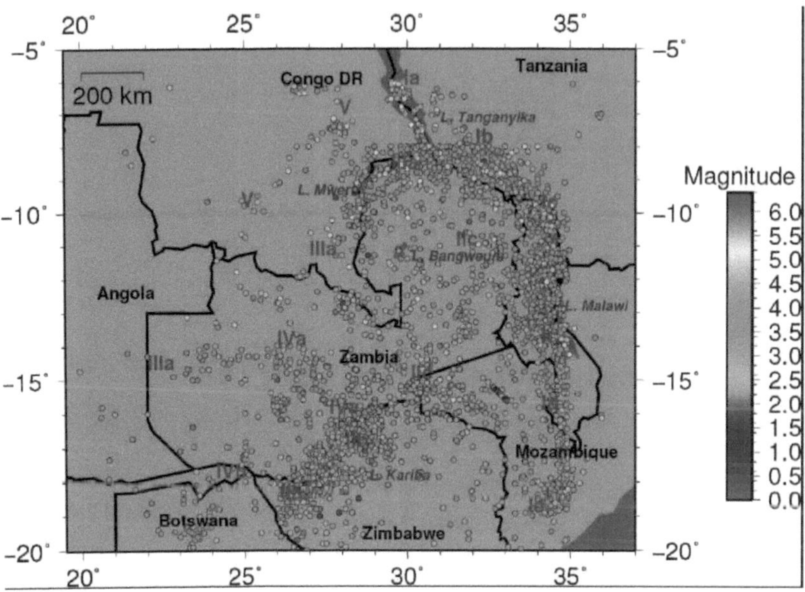

Figura 1 acima - Sismicidade da Zâmbia e áreas circundantes mostrando todas as magnitudes para o período 1904-2012 extraídas da base de dados ESARSWG. I(a-e)mostra o Western Rift composto por : (a) Tanganica, (b) fenda Rukwa, (c) fenda Malawi, (d) fenda Shire e (e) calha Urema; II(a-d) mostra as fendas (a) Deka, (b) Kariba, (c) Luangwa e (d) Zambeze; IIIa mostra a zona Tanganica-Mweru até à Zâmbia/Angola; IV(a&b) mostra a zona de sismicidade difusa e V mostra a zona de falha Upemba no Congo.

A Zâmbia tem estado envolvida na monitorização de actividades sismológicas desde a década de 1950, quando iniciou a operação da Rede Sísmica da Zâmbia (ZSN), que tinha o seu nó em Broken Hill. Um sismólogo estava sediado em Broken Hill para processar os dados de uma matriz de componentes que eram comunicados a uma estação central de seis componentes em Broken Hill, tanto para instrumentação de longo como de curto período. O sismólogo comunicava então com a rede sísmica global para arquivar os dados analisados. Esta rede sísmica foi concebida por um professor de sismologia da Universidade de Uppsala, que foi consultado pelo governo zambiano da altura (Mark Bath). Esta rede passou por três fases principais nos seus processos de digitalização, desde as estaçõcs de componente analógica única até às actuais três componentes (isto é, norte-sul, este-oeste e vertical), rede de banda larga que é operada pelo Departamento de Estudos Geológicos, sendo Lusaca o Centro Nacional de Dados (NDC).

O CENTRO NACIONAL DE DADOS (NDC)

A importância da criação do Centro Nacional de Dados é permitir-nos monitorizar, gerir e coordenar constantemente as actividades sísmicas naturais e provocadas pelo homem no país e em todo o mundo. Mas também carregar dados para o Centro Internacional de Dados (IDC), bem como receber e utilizar dados do Sistema Internacional de Monitorização (IMS) e também produtos do IDC para a verificação do tratado. O pessoal do NDC acede e analisa as formas de onda sísmica, relevantes para as suas necessidades, a partir do Centro Internacional de Dados.

Também disponibiliza dados às instituições interessadas, para atenuação de catástrofes sísmicas; apresenta relatórios sobre todos os aspectos das catástrofes relacionados com as agências governamentais.

Faz recomendações ao governo da Zâmbia sobre medidas de segurança contra terramotos; fornece informações para ajudar as instituições governamentais sobre políticas adequadas em matéria de terrenos e construção e apresenta dados às suas agências.

O USGS e a Organização do Tratado de Proibição Completa de Testes Nucleares (CTBTO) da Organização das Nações Unidas operam conjuntamente a estação de Lusaka com o Departamento de Estudos Geológicos, a fim de fornecer

uma Estação Internacional de Monitorização (IMS) que é uma das estações sísmicas mundiais que monitorizam o tratado de proibição de ensaios nucleares.

O Africa Array, que envolve a Universidade da Pensilvânia, nos EUA, e a Universidade Wits Waters Rand, na África do Sul, forneceu equipamento sismográfico para as estações sísmicas de Kitwe, Itezhi Tezhi, Kasama e Mongu e para o reforço das capacidades dos funcionários do Departamento de Estudos Geológicos. No entanto, o Governo da República da Zâmbia apenas gere atualmente duas estações sísmicas independentes (i.e. Kasempa e Petauke), as quais não estão a funcionar.

SISTEMA DE REFORÇO DAS CAPACIDADES (CBS)

A chegada do CBS ajudou-nos realmente a informar atempadamente as autoridades competentes quando ocorre um terramoto no país.

Isto acabou por reduzir o tempo, os custos incorridos na recolha de dados (das Estações Sísmicas Remotas) e o sistema de comunicação da gestão dos sismos às autoridades competentes, tais como os **meios de comunicação social, o Parlamento** e outras **partes interessadas**.

- Podemos fazer o seguinte com o nosso CBS:

1. Localização do terramoto.

2. Analisar os dados/formas de onda.

3. Elaborar um relatório para as autoridades e os meios de comunicação social.

4. Produzir um Boletim.

5. Processamento automático

A NDC, através do Departamento de Estudos Geológicos, fornece dados sísmicos às suas partes interessadas e agências, tais como:

S Unidade de Gestão e Mitigação de Catástrofes (DMMU), um departamento da ala governamental.

S Empresas mineiras.

S Empresas de construção.

S Agência de desenvolvimento rodoviário e construção de barragens.

Facilitou o nosso trabalho de análise, obtendo dados de outros países vizinhos e chegando a uma localização precisa do terramoto.

VISÃO GERAL DAS ESTAÇÕES SÍSMICAS NDC (N192) e AUXILIAR (AS-119)

AS-119

NDC (N192)

Overview of the Site from Edge of the Quarry

Antenna Location

O edifício de geofísica e sísmica alberga o CDN da Zâmbia (N192)

S Rede

S Questões de coordenação ≠ Preparação do local (obras civis)

S Expedição VSAT

V Local da antena

V Localização do equipamento no interior

J Passagem de cabos, ligação à terra e alimentação

J Sistema de reforço das capacidades (CBS)

J Ambiente exterior

I Acesso ao sítio

Figura 2: O servidor está a ser montado e configurado

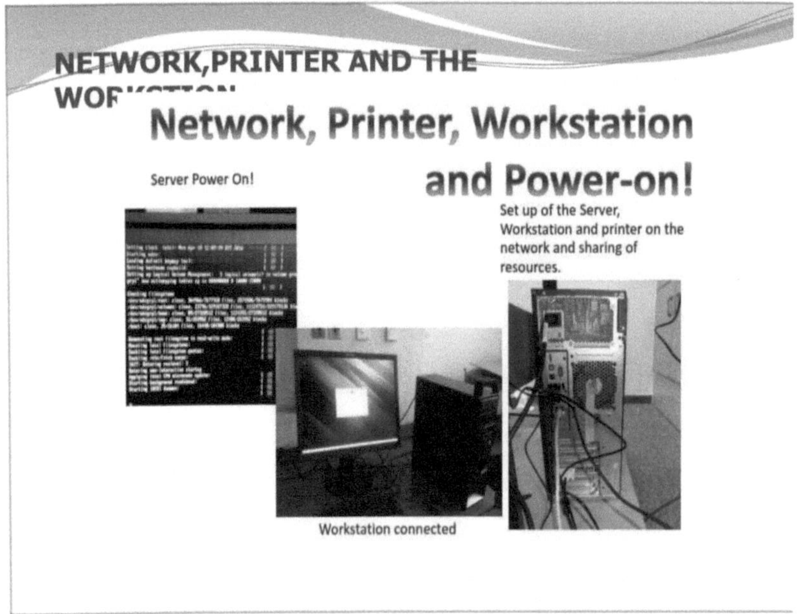

Figura 3. Todos os componentes do servidor em funcionamento.

Figura 4: Este servidor foi doado ao Centro Nacional de Dados da Zâmbia (NDC) pela CTBTO e foi configurado por um funcionário da CTBTO.

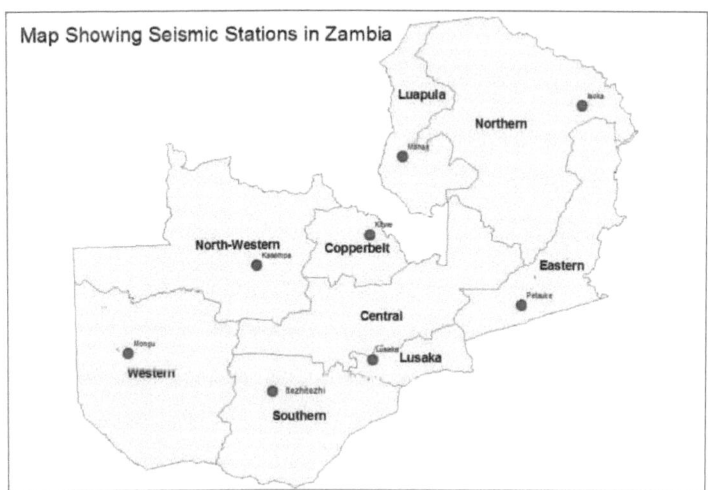

Figura 5: mostra o mapa da Zâmbia e a sua distribuição sísmica

Quadro 1: Nome da estação sísmica, parceiro colaborador, tipo de estação e estado.

Nome da estação sísmica	Parceiros de colaboração	Tipo de estação	Estado
Lusaca	CTBTO, USGS	VBB (IMS, IRIS)	Operacional
Isoka	Nulo	3C-BB	Não operacional.
Mansa	Nulo	3C-BB	Não operacional
Kasempa	Nulo	3C-BB	Não operacional
Petauke	Nulo	3C-BB	Não operacional
Choma (Kalomo)	Nf .	3C-BB	Não operacional
Kitwe	Matriz de África	3C-BB	Operacional
Itezhi-Tezhi	Matriz de África	3C-BB	Operacional
Mongu	Matriz de África	3C-BB	Operacional
Kasama	Matriz de África	3C-BB	Operacional

Seismicity in Zambia 2016

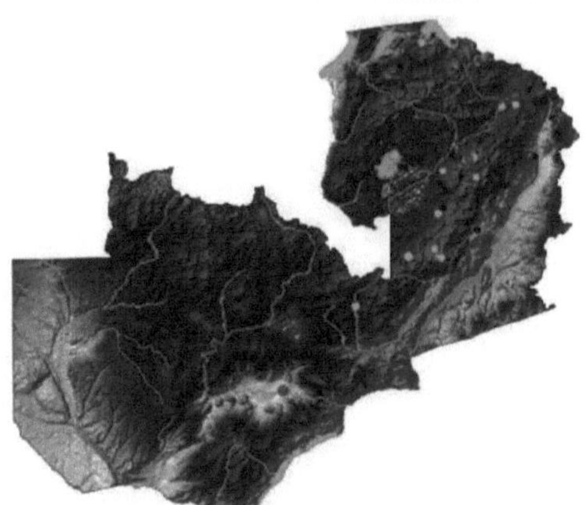

Figura 6: A partir do mapa, foi utilizada apenas uma estação sísmica.

A atividade sísmica na Zâmbia está intimamente relacionada com o sistema de fendas da África Oriental (EARS), que se estende desde o Mar Vermelho, a norte, até à Eritreia.

O padrão sismotectónico da Zâmbia é composto por um padrão geral de falhas sísmicas relacionadas com o Sistema de Fendas da África Oriental e estende-se na componente referida como o ramo sul-ocidental.

O sistema de fendas na Zâmbia está na sua fase incipiente e não tem manifestações magmáticas, estendendo-se desde a fenda sul do Tanganica até ao sistema de fendas de Mweru.

ALGUNS DOS SISMOS REGISTADOS PELA NOSSA NDC

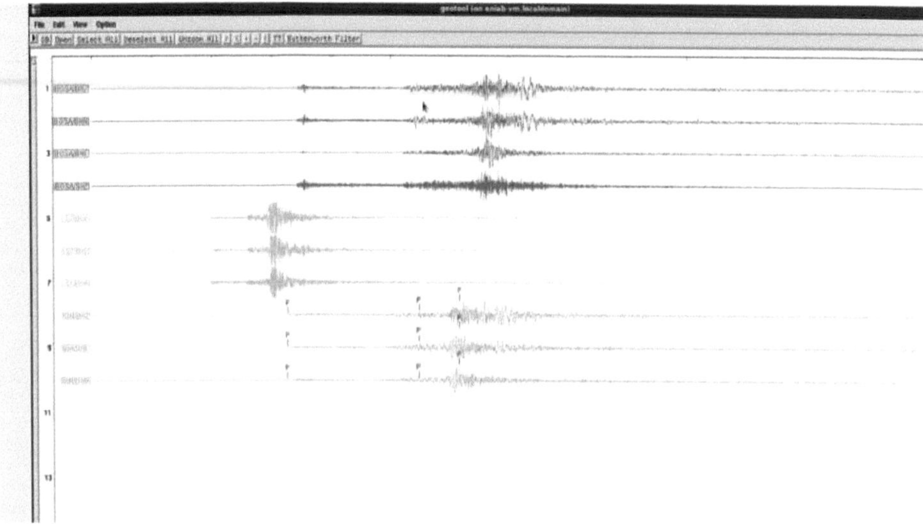

Figura 7: mostra as formas de onda do nosso NDC do terramoto de magnitude 5,9 que aconteceu no distrito de Kaputa, parte norte da Zâmbia em 24/02/2017, 00:32 UTC

As estações aqui são: BOSA e LSZ.

LSZ registou-o às: 00:33 UTC, BOSA registou-o às: 00:36 UTC.

Este terramoto provocou danos em infra-estruturas habitacionais em algumas aldeias, tendo algumas pessoas ficado feridas.

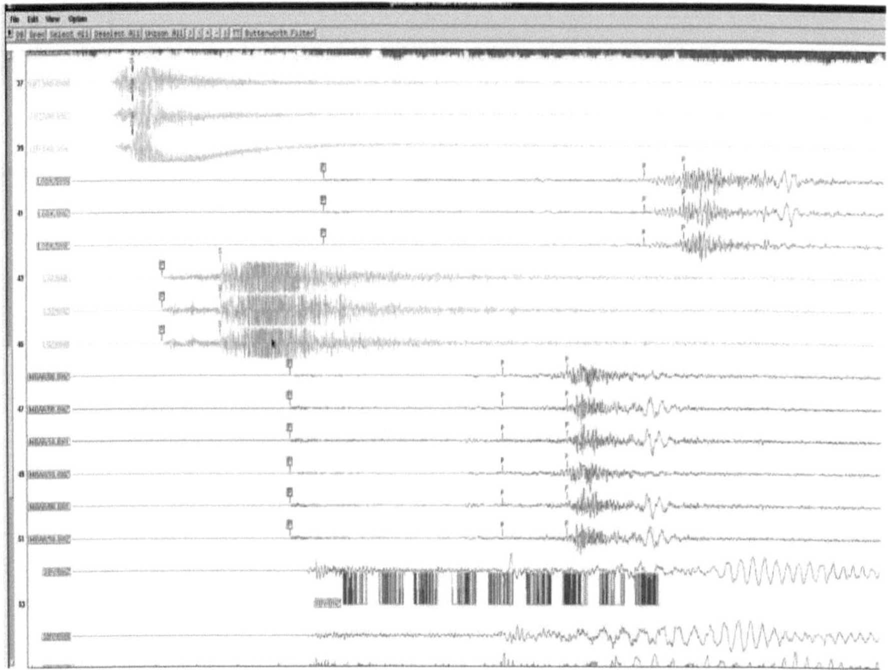

Figura 8: mostra a forma de onda do terramoto com magnitude de 6,2 que aconteceu no Botswana. Isso foi em 3/04/2017 às 17:40 UTC e as formas de onda mostradas acima são de BOSA e LSZ; gravado em BOSA às:17:41 UTC e LSZ em: 17:42 UTC.

A LSZ é a única estação sísmica da Zâmbia com transmissão de dados em tempo real e a chegada do Sistema de Reforço de Capacidades através da NDC ajudou-nos a ver os dados e a poder analisá-los e comunicá-los prontamente às autoridades relevantes e aos meios de comunicação social.

Danos causados pelo terramoto de 5,9 Mw de 24/02/2017

referência 35 L 0793224,9056547

referência 35 L 0794755, 9062640

Este terramoto ocorreu no distrito de Kaputa, na parte norte da Zâmbia, em 24/02/2017, UTC. As estações aqui são: BOSA e LSZ.

LSZ registou-o às: 00:33 UTC, BOSA registou-o às: 00:36 UTC e muitas estações.

ESTATÍSTICAS SOBRE O TERRAMOTO NA ZÂMBIA

Embora a Zâmbia seja considerada relativamente calma em termos sísmicos, sabe-se que terramotos de grande magnitude ocorreram dentro e perto da Zâmbia.

Quadro 2: RESUMO DOS MAIORES TERRAMOTOS

DATA	TEMPO	LATITU	LONGITU	MAGNITU
13/12/1910	11:34	8	31	7.1
13/12/1942	13:40	11.4	34.5	6.7
25/09/1963	07:03	16.73	28.4	6.4
18/07/1986	15:07	16.36	28.48	5.4
10/05/1991	01:12	17.35	24.98	4.8
13/02/2010	16:00	13.4	30.84	5.3
18/01/2011	16:31	8.6	31.74	5.7
21/07/2011	15:55	15.96	25.98	5.2
02/10/2013	14:23	13.4	31.8	4.5
3/11/2014	18.25	10.97	29.69	5.3
19/08/2015	00:15	9.66	28.61	5.1
09/01/2016	0305	16.046	28.55	4.6
24/02/2017	00:32	8.437	30.054	5.9

2nd RELATÓRIO DO TERRAMOTO DE OUTUBRO

A 2nd de outubro de 2013, um terramoto de magnitude 4,5 ocorreu na Província Oriental da Zâmbia a uma profundidade de 15,7 km. O epicentro foi localizado a 89 km a oeste de Chipata na latitude 13.478° S e longitude 31.836° N. O terramoto ocorreu às 14:23:19 horas UTC ou 16:23:19 horas locais da Zâmbia.

Tabela 4 enquanto a localização do epicentro do terramoto é dada na Figura 4.

Tabela 4: Parâmetros do hipocentro

DETALHES DO TERRAMOTO		
LOCALIZAÇÃO; Zâmbia, Província Oriental	Latitude	13.478OS
	Longitude	31.836ON
Data da ocorrência		02-10-2013
Hora da ocorrência	UTC. ...	14:23:19
	Hora local	16:23:19
Magnitude	mb	4.5±0.2
Profundidade	Quilómetros	15.7±5.9
	Milhas	9.7
Distância epicentrale direcçãode cidades próximas	89 km (55mi) W de Chipata, Zâmbia	
	100 km a nordeste de Petauke, Zâmbia	
	118 km a WNW de Mchinji, Malawi	
	185 km a oeste de Kasungu,	
	217 km (13 5mi) WNW de Lilongwe	
	I	

O terramoto foi registado nas seguintes estações e horas (UTC) Lusaka, Zâmbia às 14:24:20.9,

Matopos, Zimbabué às 14:25:09.8, Lobatse, Botswana às 14:26:20.7, Mbarara, Uganda às 14:26:21.1, Kilimambogo, Quénia às 14:30:18.5, Tsumebu, Namíbia às 14:26:46.5, BOSA, África do Sul em 14:27:05.6, Sutherland, África do Sul em 14:28:06.3, AKASG, Turquia em 14:33:51.6, GERES, Alemanha em 14:33:54.1, Changmai, China em 14:34:52.5, FINES, Finlândia em 14:34:59.7, Alice Springs, Austrália em 14:36:44.3, TXAR, EUA em 14:42:25.7 e NVAR, EUA em 14:42:54.1

Figura 4: LOCALIZAÇÃO DO EPICENTRO DO SISMO DE 2 DE OUTUBRO DE 2013.

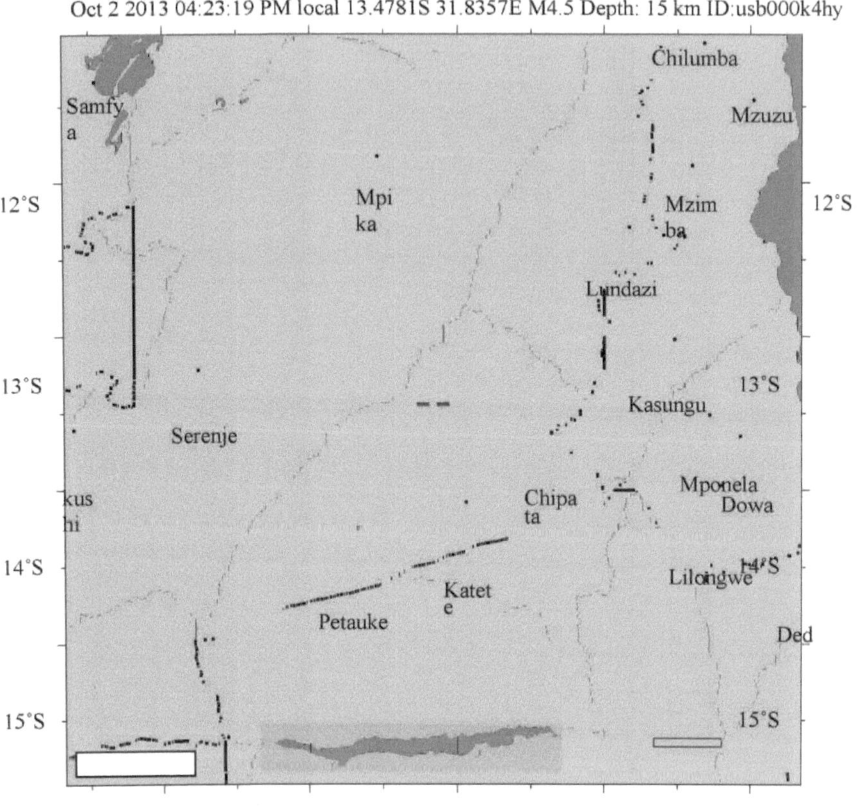

RESERVATÓRIO DE KARIBA, (ZÂMBIA) ÁFRICA

A Zâmbia e o Zimbabué produzem 90% da sua eletricidade a partir da barragem de Kariba. A barragem é a maior do mundo, tem 28 m de altura e 617 m de comprimento, constituindo um dos maiores reservatórios artificiais do mundo, tendo sido represada em 1958.

Temos também a barragem artificial de Itezhi-Itezhi, que é muito grande o silenciosa. Existe uma estação sísmica para monitorizar a barragem de Itezhi-itezhi. Não houve terramotos antes do represamento do lago.

A atividade sísmica de 1959 a 1962 parece estar associada à flutuação do nível da água. A atividade máxima e os choques mais fortes ocorreram em 1963, incluindo o terramoto de mag. 6.0 que ocorreu em setembro, quando o nível do lago estava no seu máximo.

É urgente instalar alguns sensores sísmicos perto das duas barragens e monitorizar os choques dos sismos induzidos nas duas zonas.

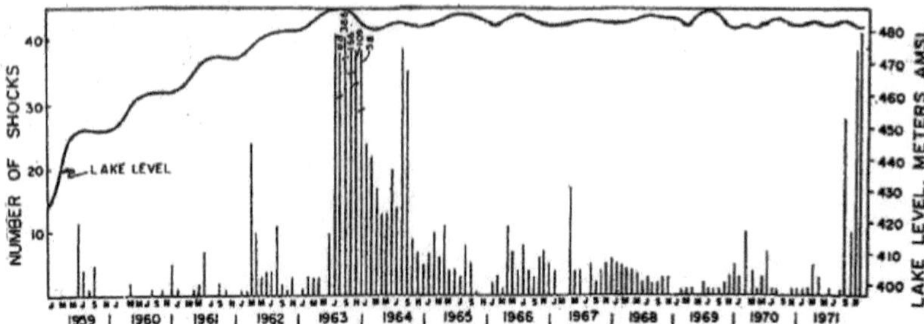

Figura 9: Reservatório da barragem de Kariba

POSSÍVEL INVESTIGAÇÃO SISMOLÓGICA NA ZÂMBIA

A atividade sísmica na Zâmbia está intimamente relacionada com o Sistema de Fendas da África Oriental (EARS), que se estende desde o Mar Vermelho, a norte, até à Eritreia, Etiópia, Uganda, Quénia, Burundi, Ruanda, Tanzânia, República Democrática do Congo, Zâmbia e Malawi.

A Zâmbia abrange o extremo sul da EARS. Na Zâmbia, o rifting pode ser reduzido ao rift do Zambeze, onde se situa a barragem de Kariba, ao rift de Luangwa e aos rifts de Mweru e Mweru Wantipa.

Desenvolvimento de parâmetros sísmicos que conduzam à formulação de um código sísmico a incorporar no código de construção da Zâmbia.

- Mapas de zonagem sísmica

- Relação de atenuação

- Sismicidade induzida por minas e barragens na Zâmbia.

ZONAS SÍSMICAS ACTIVAS NA ZÂMBIA

Foi reconhecido que a Zâmbia é sismicamente ativa, especialmente nas seguintes áreas:

1. A área que se estende desde o Lago Tanganica, passando pelo Lago Mweru e pelo Copperbelt, até à fronteira entre a Zâmbia e Angola.

2. A zona ao longo da fronteira entre a Zâmbia e a Tanzânia e o vale do Luangwa.

3. A zona ao longo do rio Zambeze, desde a faixa de Capriv até ao lago Kariba.

4. A área de rifteamento insipiente que se estende do Lago Kariba, passando por Itezhi-Tezhi, até ao Copperbelt.

Justificação:

A Zâmbia abrange o extremo sul do Sistema de Fendas da África Oriental. Este é o sistema de fendas continentais mais ativo do mundo. Estudos recentes mostraram que a atividade sísmica na Zâmbia tem vindo a aumentar. Além disso, ocorreram terramotos de magnitude superior a 6Ms e estão destinados ou podem ocorrer no futuro. Com o aumento da urbanização e do crescimento da população, estão a ser ocupadas áreas propensas à atividade sísmica, onde estão a ser construídas casas e outras infra-estruturas sem ter em conta os danos causados pelos sismos. A Zâmbia tem um código de construção que é desprovido de um código sísmico para obrigar a construção de estruturas resistentes a sismos.

A figura abaixo mostra os dados e algumas estações sísmicas que registaram este sismo. O software utilizado é o Geotool.

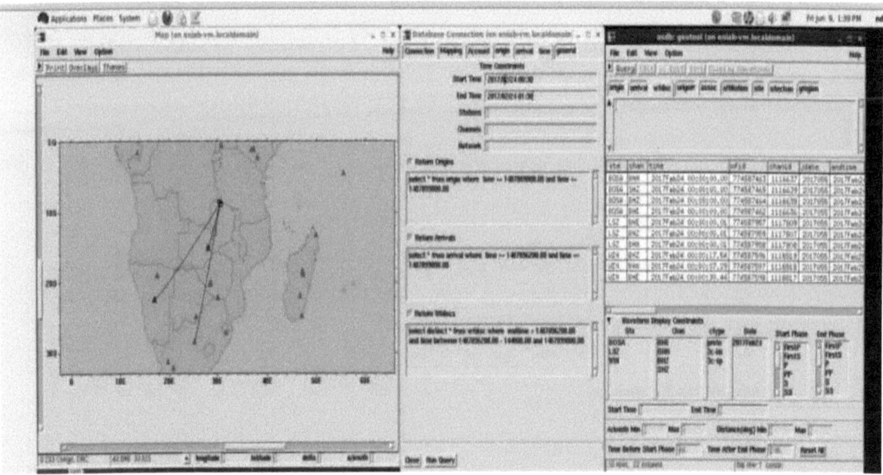

Figura 10: Terramoto de Kaputa

Este é o evento que ocorreu em 24/02/2017 às 00:32 GMT na parte norte da Zâmbia e causou alguns danos no distrito.

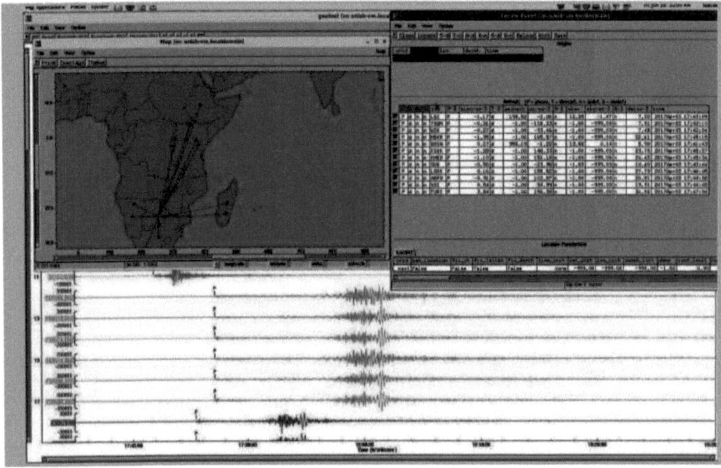

Figura 11: Terramoto no Botswana

O terramoto de magnitude 6.2 ocorreu no Botswana. Isso foi em 3/04/2017 às 17:40 UTC e as formas de onda mostradas acima são de BOSA e LSZ; BOSA em: 17:41 UTC e LSZ às: 17:42 UTC.

BENEFÍCIOS DO SISTEMA DE REFORÇO DAS CAPACIDADES

- Aquisição de software de aplicação (in a Box) para análise.

- Acesso aos dados das estações circundantes.

- Facilidade em fornecer informações às autoridades competentes em questões relacionadas com sismos.

- Ajuda na produção de boletins para a divulgação de informações.

- A Zâmbia, através da NDC, conseguiu obter dados para utilização pelos utilizadores finais.

- Os vários apoios da CTBTO, como o software **Seiscomp3.**

- O pessoal dos CND recebeu formação sobre a utilização do SCC.

- O acesso dos utilizadores finais aos dados e a outros produtos da CTBTO foi tornado possível através da utilização de um portal Web seguro.

- A chegada do CBS permitiu-nos receber dados sísmicos das seguintes estações:

- BOSA-África do Sul

- TSUM- Namíbia

- LBTB-Botswana

- KMBO-Quénia

- LSZ -Zâmbia e muitas outras estações.

- Facilitou muito o nosso trabalho de análise, obtendo dados de outros países vizinhos e chegando a uma localização precisa do terramoto.

- Tencionamos também ligar as nossas estações sísmicas locais ao servidor NDC num futuro próximo, de modo a podermos utilizar as nossas estações sísmicas locais para os sismos locais e regionais e obter uma localização mais precisa.

- Processamento automático de dados através do software Seiscomp3.

O FUTURO

Para criar os sistemas de monitorização sísmica destinados a estudar os efeitos da sismicidade induzida em torno das barragens e da província de Copperbelt e realizar análises do ambiente sísmico nas barragens de Kariba e Itezhi-Tezhi, proponho os seguintes métodos e áreas de atividade:

1. Levantamento preliminar (de reconhecimento) com o objetivo de: agregar o material científico e de engenharia mais relevante disponível (para a área da Zâmbia e países parcialmente adjacentes) sobre os tópicos de sismicidade, perigo sísmico, risco sísmico, geologia (principalmente depósitos sedimentares e mapas tectónicos), topografia (modelos digitais de elevação), estudos existentes de Deteção Remota da Terra (ERS); estudo de documentos governamentais locais (se disponíveis) que especifiquem a teoria e a prática da análise do perigo sísmico e da construção com tendência sísmica; estudo de plantas e outras informações disponíveis relacionadas com a conceção das barragens de Kariba e Itezhi-Tezhi (a fim de formular as melhores localizações dos sensores e equipamentos sísmicos);

2. Estudos para as áreas da província de Copperbelt, barragens de Kariba e Itezhi-Tezhi (a uma escala negociada) com o objetivo de localizar zonas geodinâmicas activas e avaliar o seu potencial de geração de terramotos (os resultados de tais estudos fornecerão informações mais determinísticas como base para a topologia da rede sísmica projectada; os resultados de tais estudos são principalmente científicos e, portanto, também podem ser publicados.

3. Análise integral dos resultados dos estudos supramencionados com vista à criação de programas de trabalho pormenorizados para a conceção, instalação e funcionamento do sistema de monitorização sísmica (os programas de trabalho são elaborados em conjunto com os representantes da Parte Anfitriã; isto inclui a análise da localização, o planeamento do levantamento geofísico e geológico, a escolha de sensores e digitalizadores específicos, etc.)

4. Aguardamos com expetativa a ligação das nossas estações sísmicas locais ao Centro Nacional de Dados.

5. Formação de mais analistas sísmicos/ NDC em pacotes/software Unix/Ubunthu.

6. Formação em Seiscomp3 e quaisquer outras tecnologias em tempo real.

7. Mapa de zonagem sísmica e condução da sismicidade induzida pela atividade mineira nas províncias mineiras propensas.

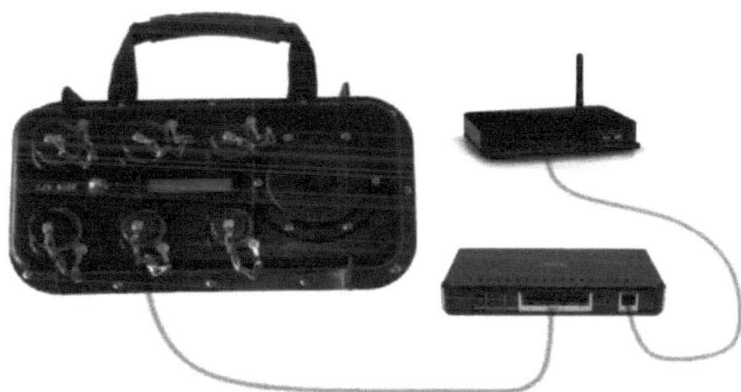

Modem (e.g., fornecido pelo fornecedor de serviços de Internet), é o que pretendemos fazer num futuro próximo quando tivermos fundos. Todas as estações sísmicas autónomas estão ligadas ao nosso Centro Nacional de Dados.

FORMAÇÃO E INVESTIGAÇÃO

- Sismicidade induzida pela atividade mineira

- Zoneamento sísmico

- Código sísmico para a Zâmbia

- Duas grandes barragens construídas pelo homem

- O sistema de escarpa Luangwa/Muchinag

- Melhorar o conhecimento dos riscos geológicos na África Oriental e Austral e as medidas de mitigação a serem instituídas.

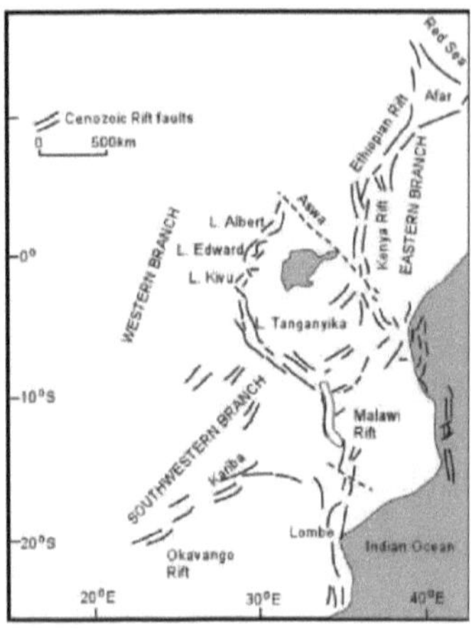

Figura 12. Padrão estrutural do Rift da África Oriental.

PROPOSTA DE ATENUAÇÃO

1. ANTECEDENTES

A presença do sistema de fendas da África Oriental (EARS) introduziu uma diversidade em termos de geologia, morfologia e configuração tectónica na região que atravessa. Na sequência desta diversidade, a simulação do movimento do solo a partir de sinais sísmicos, a fim de obter com precisão parâmetros importantes que caracterizam a Terra ou as fontes de sismos, tem sido difícil. Para ultrapassar este problema, é necessário efetuar a calibração sísmica da região. Isto envolve a determinação da estrutura de velocidade da crosta e do manto superior e dos parâmetros de atenuação, a fim de caraterizar as variações locais na região.

Na região da África Oriental e Austral, foram lançadas poucas iniciativas em matéria de atenuação com base nos dados disponíveis obtidos a partir de redes temporárias em projectos específicos, abordando assim áreas locais (Chow et al., 1980; Hilatywayo & Midzi, 1995; Ferdinand, 1998). Foi feita apenas uma tentativa para toda a região de África mas, mais uma vez, a distribuição das estações sísmicas que contribuíram com os dados não era suficientemente densa para obter resultados significativos (Xie & Mitchell, 1990).

2. JUSTIFICAÇÃO

As razões para sugerir agora este trabalho são as seguintes: em primeiro lugar, existe um esforço conjunto de monitorização das actividades sísmicas associadas à fissura entre os países em torno da EARS através do grupo de trabalho de sismologia regional da África Oriental e Austral (ESARSWG). Em segundo lugar, através de um workshop organizado, este grupo adquiriu agora dados digitais suficientes das redes sísmicas de cada país e de redes temporárias que estavam a funcionar há mais de uma década. Para além destes dois aspectos, o nível de conhecimentos sobre a abordagem do problema está dentro das capacidades dos peritos do grupo.

3. AIMS

Os objectivos deste trabalho são;

- para avançar o nosso conhecimento sobre a propagação de ondas sísmicas através da EARS.

- para melhorar a localização dos sismos em termos de magnitudes exactas.

- para facilitar a definição dos limiares de deteção das redes nacionais atualmente em funcionamento.

4.   TRABALHO PROPOSTO

Este trabalho proposto abordará as cinco tarefas

4.1.   Tarefa 1; Recolha de dados da verdade terrestre (GT)

a.   Uma base de dados (catálogo) de potenciais eventos GT

b.   Uma avaliação da qualidade dos dados disponíveis

c.   Uma atribuição preliminar de GT aos dados com base numa

-    avaliação do procedimento de localização, da diferença de azimute e da precisão da fase de chegada

-    avaliação da precisão da profundidade do hipocentro.

4.2.   Tarefa 2: Recolha de dados digitais locais e regionais

Recolha de dados digitais disponíveis de estações de redes nacionais e de redes sísmicas temporárias existentes na região para cada um dos eventos GT seleccionados.

4.3.   Tarefa 3; Regionalização tectónica e sismológica

Aqui a atividade mais importante é mapear as investigações de atenuação e estudos relacionados que foram realizados na região, e mapear os dados e publicações existentes.

a.   Os dados disponíveis e os resultados dos estudos de atenuação devem ser utilizados como base para a definição de um modelo regional unificado

b.   A ênfase será colocada na definição de entidades tectónicas/sub-regiões

c.   A partir da literatura disponível e de estudos locais, devem ser definidos modelos de atenuação

4.4.   Tarefa 4; Modelos de atenuação

a.   Derivação de um modelo regional de atenuação 2-D baseado em dados geofísicos

b.   Inventário dos modelos de atenuação I-D na região

c.   Inventário de modelos de atenuação regional2-D baseados em perfis

4.5.   Tarefa 5; Comparação dos dois modelos

a.   Com base num modelo regional 2-D desenvolvido, calcular a correção da atenuação no local de origem (SSAC).

b.   Apresentação do SSAC num mapa.

c.   Validação dos resultados (SSAC) a partir de dados de perfil de longo alcance em relação a eventos únicos.

5. PLANO DE GESTÃO

É fornecido um plano de execução dos trabalhos indicado no quadro seguinte.

Atividade	Meses após o início do projeto											
1. Revisão da literatura	■	■	■	■	■	■	■	■	■	■	■	■
2. Identificação de eventos GT	■	■	■									
3. Recolha e avaliação da qualidade dos dados digitais das redes nacionais e temporárias		■	■	■	■							
4. Recolha de resultados de investigações geofísicas publicadas e não publicadas sobre o modelo de atenuação na região	■	■	■	■	■							
5. Derivação de um modelo de atenuação 2D baseado nos resultados da investigação geofísica					■	■	■	■				
6. Inventário dos modelos de atenuação 1-D na região					■	■	■					
7. Inventário de modelos de atenuação regional2-D baseados em perfis								■	■			
8. Com base num modelo regional 2-D, calcular a correção da atenuação no local da fonte (SSAC) e apresentá-la num mapa								■	■			
9. Validação dos resultados (SSACs) de longo alcance									■	■		
dados de perfil em relação a eventos individuais.										■	■	
10. Divulgação dos resultados					■						■	
11. Compilação do relatório final												■

6. RESULTADOS ESPERADOS

Prevê-se que os resultados deste trabalho, para além de avançarem o nosso conhecimento sobre a propagação dos sinais sísmicos através da EARS, também melhorem a localização dos sismos em termos de magnitudes precisas e facilitem a definição dos limiares de deteção das redes nacionais em funcionamento. Além disso, facilitará a seleção da curva de atenuação, que é um parâmetro de entrada importante para o projeto de risco sísmico planeado para a região, a partir das regiões onde está disponível.

7. RELATÓRIOS E FORNECIMENTO DE DADOS

Estão previstos um relatório intercalar e um relatório final. Os relatórios intercalares serão tão completos quanto possível no que respeita à disponibilidade de dados, à descrição da qualidade e aos resultados preliminares. O relatório final incluirá o relatório intercalar, os resultados finais e recomendações para trabalhos futuros.

UMA VISITA A ALGUMAS ESTAÇÕES SÍSMICAS REMOTAS EM 2008.

ESTAS ESTAÇÕES AINDA SE ENCONTRAM NO MESMO ESTADO E É NECESSÁRIO REABILITÁ-LAS.

1.0 INTRODUÇÃO

Foi efectuada uma visita às estações sísmicas remotas de Mansa, Isoka e Petauke de 9th a 19th de março de 2008. O objetivo da visita era avaliar o estado destas estações, a fim de determinar o que era necessário para reabilitar e reativar as suas operações. O presente relatório apresenta, por conseguinte, uma breve descrição das constatações relativas a cada estação específica, as conclusões gerais e as recomendações para o futuro.

2.1 ESTAÇÃO SÍSMICA DE MANSA

A visita à Estação Sísmica de Mansa foi efectuada na segunda-feira 10th março de 2008. A equipa incluía o Sr. Daniel K. Lombe, Geofísico Sénior, como Chefe de Equipa e Avaliador Principal. O Geofísico Sénior foi assistido pelo Sr. Gift Chafwa, Analista de Sismogramas e pelo Sr. D. Mugwagwa, o Motorista.

Verificou-se que a estação tinha sido vandalizada e que todo o equipamento sísmico tinha sido roubado há algum tempo. O roubo e o vandalismo da estação foram comunicados à polícia e foi emitido um relatório policial que foi enviado ao Departamento de Estudos Geológicos.

Os arredores da estação sísmica estavam cobertos de relva e arbustos devido à falta de uma pessoa dedicada e de um funcionário do Departamento de Estudos Geológicos para cuidar da estação.

2.1 Itens roubados e infra-estruturas vandalizadas

Os objectos roubados e as infra-estruturas vandalizadas incluíam o seguinte

1.   Os painéis solares

2.   O carregador e duas baterias de automóvel

3.   O sismómetro e o sistema de aquisição de dados (gravador)

4.   O fecho da porta da grelha

5.   Computador Palmtop

Fig 1: Estação sísmica de Mansa com a grelha de proteção dos painéis solares. Os painéis solares

foram roubados

2.2 Fonte de alimentação ZESCO

O fornecimento de energia da ZESCO à estação foi desligado e o contador retirado. A fatura da estação sísmica de Mansa ascende a K391.789,41, de acordo com o extrato de 19 de março de 2008 obtido na sede da ZESCO em Lusaka.

2.3 Itens necessários para reabilitar e reativar a estação

Para reabilitar e reativar a estação sísmica de Mansa, é necessário fazer o seguinte

1.   Aquisição e instalação de um sismómetro de três componentes de curto período (ou banda larga), um sistema digital de aquisição de dados, um carregador de baterias e duas baterias de automóvel, painéis solares, cabos de alimentação e de sinal.

2.   Aquisição e instalação de uma porta metálica protegida com fechaduras lunares.

3.   Reforço das estruturas do telhado e da grelha do painel solar.

4.   Liquidação da fatura pendente da ZESCO no valor de K 391 789,41.

Foi igualmente estudada a possibilidade de utilizar o grande espaço previsto no novo edifício do gabinete meteorológico que está a ser construído.

Fig. 2: Abóbada do sismómetro da estação sísmica de Mansa

2.4   Pessoal do Gabinete Meteorológico de Mansa

1.   Sr. Jonnathan Chilembo (0977-220062) - Oficial Meteorológico Provincial

2.   Sr. Innocent Mainza - Assistente Meteorológico

3.   Sr. Enock Chisha - Assistente Meteorológico

4.   Sr. Mpundu - Auxiliar de escritório especial

2.2   ESTAÇÃO SÍSMICA DE ISOKA

A visita à Estação Sísmica de Isoka foi efectuada na quinta-feira 13th março de 2008. A equipa incluía o Sr. Daniel K. Lombe, Geofísico Sénior, como Chefe de Equipa e Avaliador Principal. O Geofísico Sénior foi assistido pelo Sr. Gift Chafwa, Analista de Sismogramas e pelo Sr. D. Mugwagwa, o Motorista.

A estação não estava operacional na altura da visita, uma vez que foi vandalizada e o equipamento roubado. Também neste caso, o roubo e o vandalismo foram comunicados à polícia de Isoka e foi emitido um relatório policial. O relatório da polícia foi enviado para Lusaka.

Os arredores da estação sísmica estavam cobertos de relva e arbustos devido à falta de uma pessoa dedicada e de um funcionário do Departamento de Estudos Geológicos para cuidar da estação.

Fig. 3: Estação sísmica de Isoka mostrando a grelha do painel solar. Os painéis solares e a porta da grelha foram roubados e a porta foi parcialmente queimada

3.1   Itens roubados e infra-estruturas vandalizadas

Os objectos roubados e as infra-estruturas vandalizadas incluíam o seguinte

1.   Os painéis solares

2.   O carregador e duas baterias de automóvel

3.   O sistema de aquisição de dados (registador)

4.   A porta de madeira, a porta com grelha e as fechaduras

6.   ZESCOMedidoreMCBs

7.   Interruptores e tomadas

Fig. 4: Abóbada do sismómetro da estação sísmica de Isoka

3.2 Artigos recuperados

1. Computador Palmtop - Recolhido por D. K. Lombe, Geofísico Sénior

2. Sismómetro - Recolhido por I. C. Kalundula, Técnico de Geofísica.

3.3 Fonte de alimentação ZESCO

O fornecimento de eletricidade da ZESCO à estação foi desligado e o contador retirado. A fatura da estação sísmica de Isoka ascende a K1.850.226,39, segundo o extrato de 19 de março de 2008 obtido na sede da ZESCO em Lusaka.

3.4 Itens necessários para reabilitar e reativar a estação

Para reabilitar e reativar a estação sísmica de Isoka, será necessário fazer o seguinte

1. Aquisição e instalação de um sistema digital de aquisição de dados, um carregador de baterias e duas baterias de automóvel, painéis solares, cabos de alimentação e de sinal.

2. Aquisição e instalação de uma porta metálica protegida com fechaduras lunares.

3. Reforço da grelha de proteção do painel solar.

4. Liquidação da fatura pendente da ZESCO no valor de K 1 850 226,39.

3.5 Pessoal do Gabinete Meteorológico de Isoka

1. Sr. Benja Mushimata (0977-354709) - Responsável pela Meteorologia

4.0 ESTAÇÃO SÍSMICA DE PETAUKE

A visita à Estação Sísmica de Petauke foi efectuada na terça-feira 18th março de 2008. A equipa incluía o Sr. Daniel K. Lombe, Geofísico Sénior, como Chefe de Equipa e Avaliador Principal. O

Geofísico Sénior foi assistido pela Sra. Monica Mutafi, Auxiliar da Estação e pelo Sr. D. Mugwagwa, Motorista.

A estação não estava a funcionar porque foi vandalizada e algum do equipamento roubado. Também neste caso, o roubo e o vandalismo foram comunicados à polícia de Petauke e foi emitido um relatório policial. O relatório da polícia foi enviado para Lusaka.

A estação está localizada nas coordenadas UTM 36L 320811E-8424144N a uma altitude de 1015m acima do nível médio do mar. A envolvente da estação sísmica é bem cuidada e exemplarmente limpa.

4.1 Itens roubados e infra-estruturas vandalizadas

Os objectos roubados e as infra-estruturas vandalizadas incluíam o seguinte

1   Os painćis solares.

2   A grelha de proteção dos painéis solares

Fig. 5: Estação sísmica de Petauke com a grelha do painel solar. Os painéis solares foram roubados

4.2 Artigos recuperados

O equipamento sísmico que não foi destruído durante a vandalização e roubo dos painéis solares na estação foi recolhido e trazido de volta a Lusaka pelo Sr. Eugine C. Kunkuta, Analista Sénior de Sismogramas, em 12th de maio de 2003. O equipamento incluía o seguinte:

1   Computador Palmtop.

2   Sismómetro e sistema de aquisição de dados (gravador)

3   Carregador de bateria e outros acessórios

4.3 Fonte de alimentação ZESCO

O fornecimento de eletricidade da ZESCO à estação foi cortado. A fatura da estação sísmica de Petauke ascende a K721.518,09, de acordo com o extrato de 19 de março de 2008 obtido na sede da ZESCO em Lusaka.

Fig. 6: Abóbada do sismómetro da estação sísmica de Petauke

4.4 Itens necessários para reabilitar e reativar a estação

Para reabilitar e reativar a estação sísmica de Petauke, é necessário fazer o seguinte

1   Aquisição e instalação de um carregador de baterias e duas baterias de automóvel, painéis solares, cabos de alimentação e de sinal.

2   Aquisição e instalação de uma porta metálica protegida com fechaduras lunares.

3   Reforço da grelha de proteção do painel solar.

4   Liquidação da fatura pendente da ZESCO no valor de K 721.518,09.

4.5 Pessoal do Gabinete Sísmico e Meteorológico de Petauke

1   Sr. Mutonga (0977-354709) - Responsável pela Meteorologia

2   Sr. Koloza - Guarda de segurança da estação sísmica de Petauke

4.6 Pontos requeridos pelo Sr. Koloza

A fim de cuidar adequadamente da instalação e manter um ambiente limpo, o Sr. Koloza necessita dos seguintes artigos

1   Materiais de limpeza

2   Utensílios de limpeza, tais como pá, ancinho e enxada, etc.

3   Vestuário e calçado de segurança

4   Bicicleta

Fig. 7: Gabinete Meteorológico e Sismológico de Petauke

4.7   Discussão com o diretor-geral e o agente de polícia responsável

A equipa fez uma visita de cortesia ao DC para discutir as questões de segurança da estação sísmica de Petauke. Antes de se debruçar sobre as questões de segurança, a equipa apresentou-se e explicou o objetivo da visita a Petauke. O Chefe da Equipa apresentou então a estação sísmica de Petauke e o objetivo que esta servia para o registo de sismos na Zâmbia e no mundo. O Chefe da Equipa também respondeu a uma série de perguntas do CD sobre a sismicidade na Zâmbia e na região.

Em termos de segurança, o DC estava disposto a ajudar e chamou o Oficial Encarregado da Polícia de Petauke, que estava mais do que disposto a ajudar com a Polícia Paramilitar para guardar a estação durante o dia e a noite. Sugeriu que escrevêssemos a ele e ao Inspetor-Geral (IG) da Polícia para solicitar formalmente esta assistência. As modalidades de como esta assistência seria organizada e o que seria necessário para implementar esta assistência seriam discutidas posteriormente.

5.0 ESTAÇÃO SÍSMICA DE KASEMPA

A estação sísmica de Kasempa não foi visitada durante a atual visita, mas foi visitada há algum tempo durante uma das missões de exploração petrolífera na Província do Noroeste. O equipamento foi encontrado intacto, embora a estação não estivesse operacional devido à falta de manutenção. Todo o equipamento, com exceção dos painéis solares, foi retirado e levado para Lusaca para avaliação e reabilitação. No entanto, deve reconhecer-se que a estação sísmica de Kasempa necessita das mesmas considerações de segurança que as restantes estações remotas.

6.0 CONSIDERAÇÕES GERAIS DE SEGURANÇA

A falta de medidas de segurança reforçadas nas estações remotas contribuiu para a vandalização das estações e o roubo do equipamento nelas existente. As estações sísmicas precisam de ser fortificadas com vedações e arame farpado. É também necessário contratar pessoal de segurança para vigiar as estações 24 horas por dia, 7 dias por semana (24/7). A contratação de polícias paramilitares para guardar as estações sísmicas 24 horas por dia, 7 dias por semana, através de um pedido formal ao IG e aos respectivos responsáveis, seria a melhor medida de segurança para as estações sísmicas em todo o país. Estas medidas garantirão a segurança das estações sísmicas em todo o país.

A conceção de base prevista para a vedação do muro de segurança, o arame farpado e o abrigo dos guardas de segurança é indicada nos esboços seguintes:

Fig 8: Projeto básico do abrigo para guardas de segurança

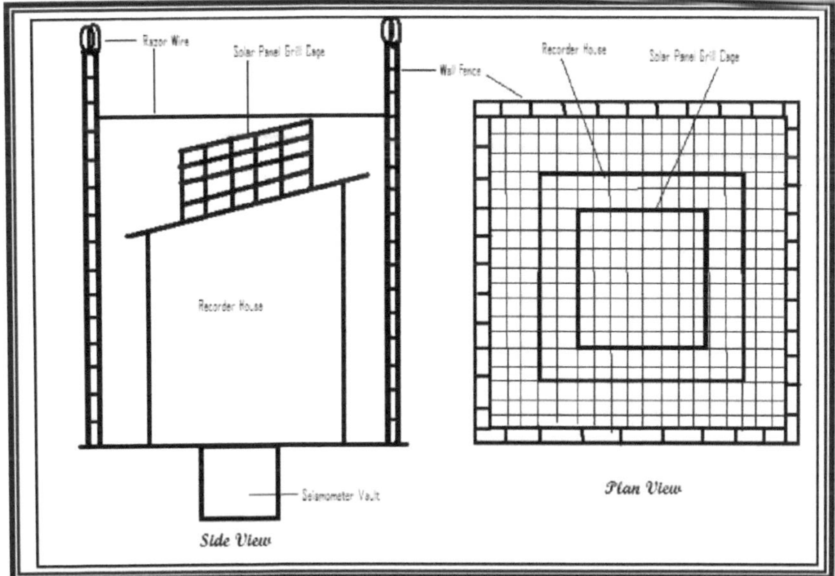

Fig. 7: Desenho básico da vedação de segurança com arame farpado para todas as estações sísmicas

7.0 CONCLUSÕES SOBRE AS QUATRO ESTAÇÕES SÍSMICAS

Embora estas estações tenham sido assaltadas, as infra-estruturas vandalizadas e todo ou parte do equipamento roubado, ainda precisam de ser reabilitadas e reactivadas. Foi feito um grande esforço na seleção destes locais para otimizar a monitorização e o registo da sismicidade no país e nas áreas circundantes. Além disso, estas estações foram reconhecidas internacionalmente e receberam códigos sísmicos internacionais que são únicos e específicos para estas estações.

Foi reconhecido que a Zâmbia é sismicamente ativa, especialmente nas seguintes áreas:

1. A área que se estende desde o Lago Tanganica, passando pelo Lago Mweru e pelo Copperbelt, até à fronteira entre a Zâmbia e Angola.

2. A zona ao longo da fronteira entre a Zâmbia e a Tanzânia e o vale do Luangwa.

3. A zona ao longo do rio Zambeze, desde a faixa de Kapriv até ao lago Kariba.

4. A área de rifteamento insipiente que se estende do Lago Kariba, passando por Itezhi-Tezhi, até ao Copperbelt.

Estas áreas sismicamente activas e o facto de ser conhecida a ocorrência de sismos de magnitude igual ou superior a 6 na Zâmbia apoiam a reabilitação e reativação destas estações sísmicas. O facto de estas estações, para além das estações sísmicas de Lusaka e Kasempa, terem sido utilizadas na monitorização das barragens de Itezhi-Tezhi e Kariba e da sismicidade induzida pela Copperbelt Mining, deveria obrigar a nação a reabilitar e reativar estas estações.

Além disso, os dados da rede sísmica da Zâmbia têm sido utilizados na construção de pontes, edifícios e outras infra-estruturas, o que é um bom sinal de que as estações e os respectivos dados são um contributo valioso para o sector da construção.

RECOMENDAÇÕES

Recomenda-se vivamente que sejam envidados esforços para reabilitar e reativar todas ou algumas das estações remotas.

A segurança das estações sísmicas deve ser reforçada através das seguintes opções

1. Construção de muros altos com arame farpado em todas as estações remotas. O acesso através do muro de vedação seria efectuado através de uma porta metálica protegida com fechaduras fortes.

2. Construção de casas de guarda ou abrigos geminados perto das estações para garantir a segurança de todas as estações 24 horas por dia, 7 dias por semana.

3. Contratar guardas de segurança que receberão salários mensais a partir das dotações mensais atribuídas ao Departamento.

4. Estabelecer contacto com os DCs e o Comando da Polícia para ter guardas de segurança armados a vigiar as estações 24 horas por dia, 7 dias por semana. Isto seria feito nos mesmos moldes que os discutidos em Petauke para a estação sísmica de Petauke.

5. Estabelecer uma colaboração duradoura para a participação dos agentes meteorológicos no funcionamento e manutenção das estações sísmicas.

CONCLUSÕES

A fim de criar os sistemas de monitorização sísmica destinados a estudar os efeitos da sismicidade induzida em torno das barragens e da província de Copperbelt, o sistema de Rift de Luangwa que se estende através do escapamento de Muchinga e a realização de análises de configuração sísmica nas barragens e nas duas províncias mineiras.

Foi reconhecido que a Zâmbia é sismicamente ativa, especialmente nas seguintes áreas:

6.   A área que se estende desde o Lago Tanganica, passando pelo Lago Mweru e pelo Copperbelt, até à fronteira entre a Zâmbia e Angola.

7.   A zona ao longo da fronteira entre a Zâmbia e a Tanzânia e o vale do Luangwa.

8.   A zona ao longo do rio Zambeze, desde a faixa de Kapriv até ao lago Kariba.

9.   A área de rifteamento insipiente que se estende do Lago Kariba, passando por Itezhi-Tezhi, até ao Copperbelt.

Estas zonas sismicamente activas e o facto de se saber que na Zâmbia ocorreram sismos de magnitude igual ou superior a 6 apoiam a reabilitação e reativação destas estações sísmicas.

O facto de estas estações, para além das estações sísmicas de Lusaka e Kitwe, terem sido utilizadas para monitorizar as barragens de Itezhi-Tezhi e Kariba e a sismicidade induzida pela exploração mineira de Copperbelt, deveria obrigar a nação a reabilitar, reativar e ligar todas as estações à transmissão de dados em tempo real.

Além disso, os dados da rede sísmica da Zâmbia têm sido utilizados na construção de pontes, edifícios e outras infra-estruturas, o que é um bom sinal de que as estações e os respectivos dados são um contributo valioso para o sector da construção.

Sugiro que sejam instaladas as seguintes estações sísmicas para permitir uma monitorização mais eficaz dos sismos e obter uma localização boa ou precisa dos sismos

*   Estação sísmica de Kabwe, província central do país.

*   Estação sísmica do desfiladeiro de Kafue, para monitorizar as actividades da barragem.

*   Estação sísmica de Livingstone, para monitorizar a parte sul do país.

*   Estação sísmica de Petauke, para monitorizar a parte oriental do país.

- Estação sísmica de Kaputa, para monitorizar a parte norte do país que faz fronteira com a República Democrática do Congo.

- Estação sísmica de Kasempa, província mineira do oeste da Zâmbia.

REFERÊNCIAS

1.   Nyblade, A. A. e Langston, C. A., 1985. Terramotos da África Oriental abaixo de 20 km de profundidade e suas implicações para a estrutura crustal, Geophys J. Int., **121**, 4962.

2.   Jonathan, E. 1996. Some aspects of seismicity in Zimbabwe and eastern and southern Africa. Tese de Mestrado, Instituto de Física da Terra Sólida, Univ. Bergen, Bergen, Noruega, 100p.

3.   Ambraseys, N. N. e Adams, R. D., 1992. Reavaliação dos Grandes Terramotos em África. *Natural Hazards*.

4.   Turyomurugyendo, G. 1996. Alguns aspectos do risco sísmico na região da África Oriental e Austral. Não publicado. Tese de Mestrado, Instituto de Física da Terra Sólida, Universidade de Bergen, Bergen, Noruega, 80p.

5.   Moungenot, D.; Recq, M.; Virlogeux, P.; Lepvrier, C. (1986). "Extensão para o mar do Rift da África Oriental". Cartas à Natureza.

6.   Wagner, G. S., e Langston, C. A., 1988. Inversão de ondas de corpo em África Oriental com implicações para a estrutura e deformação continentais. Geophysical Journal **94**, 503-518.

7.   W. H. Reeve *The Geographical Journal* Vol. 126, No. 2 (Jun., 1960), pp. 140146

Printed by Books on Demand GmbH, Norderstedt / Germany